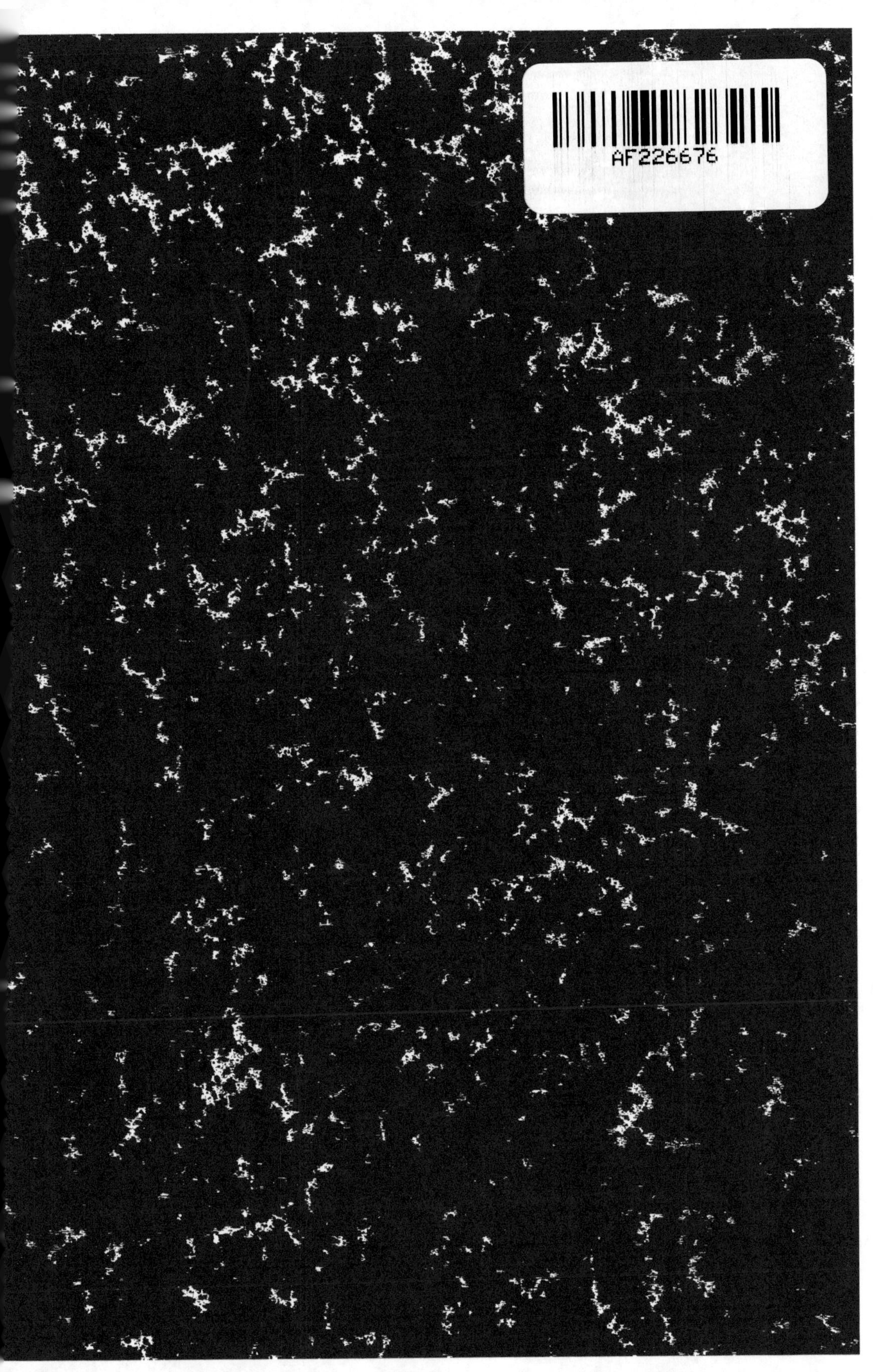
AF226676

MINISTÈRE DES TRAVAUX PUBLICS

ÉTUDES

DES

GÎTES MINÉRAUX

DE LA FRANCE

PUBLIÉES SOUS LES AUSPICES DE M. LE MINISTRE DES TRAVAUX PUBLICS
PAR LE SERVICE DES TOPOGRAPHIES SOUTERRAINES

BASSIN HOUILLER ET PERMIEN

D'AUTUN ET D'ÉPINAC

FASCICULE III

POISSONS FOSSILES

PAR

H.-E. SAUVAGE

DIRECTEUR DE LA STATION AQUICOLE DE BOULOGNE-SUR-MER

TEXTE

PARIS

IMPRIMERIE NATIONALE

M DCCC XC

BASSIN HOUILLER ET PERMIEN

D'AUTUN ET D'ÉPINAC

MINISTÈRE DES TRAVAUX PUBLICS

ÉTUDES

DES

GÎTES MINÉRAUX

DE LA FRANCE

PUBLIÉES SOUS LES AUSPICES DE M. LE MINISTRE DES TRAVAUX PUBLICS
PAR LE SERVICE DES TOPOGRAPHIES SOUTERRAINES

BASSIN HOUILLER ET PERMIEN
D'AUTUN ET D'ÉPINAC

FASCICULE III
POISSONS FOSSILES

PAR

H.-E. SAUVAGE

DIRECTEUR DE LA STATION AQUICOLE DE BOULOGNE-SUR-MER

TEXTE

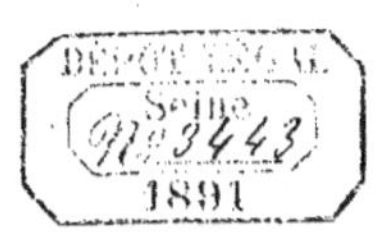

PARIS
IMPRIMERIE NATIONALE.

M DCCC XC

RECHERCHES

SUR

LES POISSONS DU TERRAIN PERMIEN D'AUTUN,

PAR M. H.-E. SAUVAGE.

Dans le *Nouveau dictionnaire d'histoire naturelle*, publié en 1818, de Blainville [1] est le premier naturaliste, à notre connaissance, qui ait parlé des poissons que l'on trouve dans les terrains paléozoïques des environs d'Autun; il fait connaître, sous les noms de *Palæothrissum inæquilobum* et *Palæothrissum parvum* une des espèces les plus caractéristiques « des schistes noirs, dont la position géologique est encore incertaine ».

Agassiz (L.) a repris l'étude des deux espèces brièvement indiquées par de Blainville et les a rapportées à une seule espèce, le *Palæoniscus Blainvillei* [2]; le savant zoologiste a décrit deux autres espèces des terrains paléozoïques d'Autun, le *Palæoniscus Voltzii* et le *Palæoniscus angustus*.

C'est à Landriot [3] que nous devons les premières recherches sur les schistes des environs d'Autun. Après avoir fait connaître quelles sont les roches que l'on rencontre dans le bassin d'Autun, donné la liste des végétaux qui ont été trouvés, M. l'abbé Landriot indique, outre les trois espèces antérieurement décrites par Agassiz, le *Palæoniscus magnus*, Ag., espèce du Zechstein de Mansfeld, et le *Pygopterus Bonnardi*, Ag., cette dernière espèce très rare; M. Landriot note, en outre, qu'à côté des poissons, on trouve en abondance à Muse et dans d'autres localités, mais surtout à Surmoulin, d'énormes coprolites, « dont la grosseur porterait à croire qu'ils ne peuvent provenir des *Palæoniscus* qui les accompagnent. Les animaux auxquels ces fossiles appartiennent auraient-ils été entièrement détruits? Le fait n'est point probable, et il est à espérer qu'on découvrira dans les schistes des restes de sauriens ou de grands poissons ».

---

[1] *Sur les Ichthyolithes ou Poissons fossiles*, t. XXVIII.

[2] *Recherches sur les Poissons fossiles*, t. II.

[3] *Notice géologique sur la formation des schistes de Muse; communiquée à la Société Éduenne.*

IMPRIMERIE NATIONALE.

C'est à M. le professeur Gaudry (A.) que revient le mérite d'avoir fait connaître les animaux auxquels on peut rapporter les débris signalés par M. Landriot; le savant paléontologiste a décrit, en effet, sous le nom d'*Actinodon*, un curieux reptile voisin de l'*Archegosaurus* de la Prusse Rhénane; deux espèces d'*Actinodon* se trouvent à Autun, l'*A. Frossardi* et l'*A. brevis*; M. Gaudry a fait connaître, en outre, plusieurs autres types de reptiles et de batraciens, les *Euchirosaurus Rochei*, *Stereorachis dominans*, *Haptodus Baylei*, *Protrilon petrolei*, *Pleuronoura Pellati*[1].

L'étude des poissons des schistes d'Autun n'a pas été négligée par M. Gaudry, aux recherches duquel on doit la découverte d'un Cartilagineux, le *Pleuracanthus Frossardi*[2] et d'un type très intéressant, le *Megapleuron Rochei*[3]; M. Gaudry signale, en outre, un Acanthodes dans le Permien d'Autun.

Dans sa notice sur les *Fossiles du terrain permien d'Autun*[4], M. E. Roche donne la liste des végétaux et des animaux recueillis dans les schistes bitumineux; il établit nettement que ces schistes appartiennent à la base du terrain permien et correspondent à l'étage permo-carbonifère de M. Grand'Eury ou au Rothliegende inférieur des Allemands.

M. Roche distingue trois horizons fossilifères ou trois sous-étages bien définis, dont la faune ichthyologique est la suivante :

Sous-étage inférieur (Igornay) : *Palæoniscus*, *Amblypterus*, *Acanthodes*, *Pleuracanthus*, poisson à côtes sans vertèbres[5].

Sous-étage moyen (Muse, la Conaille, Dracy-Saint-Loup) : *Palæoniscus*, *Amblypterus*, *Acanthodes*, *Pleuracanthus*.

Sous-étage supérieur ou du Boghead (Millery, les Télots, Margennes) : *Palæoniscus*, *Amblypterus*.

Les espèces mentionnées par M. Roche ne sont pas les seules qui aient été recueillies dans le Permien des environs d'Autun. M. le professeur Gaudry a

---

[1] Cf. A. Gaudry, *Mém. sur le reptile découvert par M. Frossard à Muse* (*Nouv. Arch. Muséum*, t. III; 1867). — *Note sur l'Actinodon Frossardi* (*Bull. Soc. géol. Fr.*, 2ᵉ sér., t. XXV; 1868). — *Les reptiles des schistes bitumineux d'Autun* (*Bull. Soc. géol. Fr.*, 3ᵉ sér., t. XV; 1876). — *Les reptiles de l'époque permienne des environs d'Autun* (*Bull. Soc. géol. Fr.*, 3ᵉ sér., t. VII; 1878). — *Découverte de batraciens dans le terrain primaire* (*Bull. Soc. géol. Fr.*, 3ᵉ sér., t. III; 1875).

[2] *Nouv. Arch. Mus.*, t. III, p. 39, pl. III, fig. 5 (1867).

[3] *Sur un nouveau genre de poisson primaire* (*C. R. Ac. Sc.*, 21 mars 1881).

[4] *Bull. Soc. géol. Fr.*, 3ᵉ sér., t. XX; 1884, p. 78.

[5] Cette espèce a été décrite par M. Gaudry sous le nom de *Megapleuron Rochei*.

bien voulu mettre, en effet, à notre disposition la riche et si intéressante
collection du Muséum d'histoire naturelle; grâce aux intéressants documents
qui nous ont été communiqués nous avons pu étudier la faune ichthyologique
de l'époque permienne des environs d'Autun, faune d'autant plus intéressante qu'elle n'était pas encore connue dans les formations françaises de
même âge.

Les poissons jusqu'à présent connus dans les schistes permiens des environs d'Autun sont au nombre de 14 espèces; à part le *Pleuracanthus Frossardi*, qui est un Crossoptérygien, de l'*Acanthodes*, Ganoïde de type ancien
appartenant au sous-ordre des Acanthodiniens, et du *Megapleuron Rochei*,
qui forme un type absolument distinct dont la position systématique n'est pas
encore nettement fixée, toutes les autres espèces appartiennent à la famille
des Palæoniscidées, de la sous-classe des Ganoïdes.

II

DESCRIPTION DES ESPÈCES.

FAMILLE DES PALÆONISCIDÉES.

Les Ganoïdes trouvés dans le terrain permien d'Autun et appartenant à la
famille des Palæoniscidées se groupent autour des deux genres Agassiziens;
Amblypterus et *Palæoniscus*.

Agassiz a désigné sous le nom d'*Amblypterus* des Lépidoïdes hétérocerques
qui « ont toutes les nageoires très larges et composées de nombreux rayons,
les pectorales très grandes, l'anale large, la dorsale opposée à l'intervalle
entre les ventrales et l'anale; point de petits rayons sur le bord des nageoires,
excepté au lobe supérieur de la queue; écailles médiocres ». Les *Palæoniscus*,
qui leur sont apparentés, « ont toutes les nageoires médiocres, de petits
rayons sur leurs bords; la dorsale opposée à l'espace entre les ventrales et
l'anale; écailles médiocres; quelques espèces en ont d'assez grandes et le
corps plus large et plus court que les autres; il y a toujours de grosses
écailles impaires en avant de la dorsale et de l'anale[1] ».

---

[1] *Recherches sur les Poissons fossiles*, t. II, p. 3 et 4.

Troschell [1] a, le premier, établi que les deux genres *Amblypterus* et *Palæoniscus*, tels qu'ils ont été établis par Agassiz, sont peu naturels. Certains Amblypterus, au lieu d'avoir les dents en brosse ont, en effet, des dents larges, coniques, avec une rangée de dents plus petites; les espèces qui présentent cette disposition ont reçu de Troschell le nom de *Rhabdolepis;* ce genre, dont l'*Amblypterus macropterus*, Ag., est le type, est de l'étage permien. Troschell montre, en outre, que chez les Amblypterus il se trouve des fulcres à toutes les nageoires, et non seulement à la caudale, de telle sorte que ce caractère n'est pas distinctif entre les *Amblypterus* et les *Palæoniscus.*

Giebel [2] avait appliqué le nom d'*Elonichthys* à des poissons du terrain houiller de Wettin, près de Halle (*E. Germari, lævis*), intermédiaires entre les Palæoniscus et les Amblypterus, rappelant les premiers par les fulcres des nageoires, les seconds par la grandeur des nageoires. Bien qu'il ait été mal défini, ce genre Elonichthys doit être conservé, les espèces que l'on peut grouper sous ce nom ayant le corps élevé, les écailles striées ou striées-ponctuées, les nageoires grandes, les fulcres petits, la dorsale insérée presque au-dessus de l'espace qui sépare l'anale des ventrales, le suspensorium très oblique, les dents fortes, coniques, entremêlées de dents plus petites. Le genre Elonichtys est du terrain carbonifère et paraît se retrouver dans le terrain permien de l'Allier et des environs d'Autun.

C'est Traquair [3] qui, en 1877, a bien délimité les deux genres *Amblypterus* et *Palæoniscus*, tout en divisant ces deux genres en un certain nombre de coupes génériques.

Tel qu'il doit être compris, le genre Amblypterus comprend des espèces dont la diagnose est la suivante : corps élevé; écailles lisses; nageoires grandes avec de nombreux rayons; de petits fulcres; dorsale insérée en partie au-dessus de l'anale, mais la débordant largement en avant; nageoires impaires grandes; caudale large et puissante; suspensorium légèrement oblique; dents en brosse; opercule presque vertical; trois pièces operculaires, opercule, préopercule, interopercule. Type : *Amblypterus latus*, Ag.

Près de ce genre se groupent les genres *Rhobdolepis*, Troschell (type *Am-*

---

[1] *Beobachtungen über die Fische in dem Eisenniern des Suarbrücker Steinkohlengebirges* (*Verh. naturh. Ver. preuss. Rheinl.*, t. XIV, p. 1, 138; 1857).

[2] *Fauna der Vorwelt*, t. I, pt. 3, p. 249-251.

[3] *On the Agassizian genera Amblypterus, Palæoniscus, Gyrolepis and Pygopterus* (Q. J. G. S., 1877, p. 548).

blypterus macropterus, Ag.), *Cosmoptychius*, Traquair (type : *Am. striatus*, Ag.),
Elonichthys, Giebel (type : *Am. nematopterus*, Ag.), *Amblypterops*, Sauvage
(type : *Amblypterops Egertoni*, Sauvg.), *Commentrya*, Sauvage (type *Commentrya Traquairi*, Sauvg.), *Elaveria*, Sauvg. (type : *Elaveria Gaudryi*, Sauvg.),
Gonatodus, Traquair (type : *Amblypterus punctatus*, Ag.).

Le genre Palæoniscus proprement dit est du terrain permien ; sa diagnose
est la suivante : corps fusiforme ; écailles de grandeur moyenne, sculptées ;
nageoires relativement petites ; fulcres petits ; dorsale placée au-dessus de
l'espace qui sépare l'anale des ventrales ; rayons des pectorales articulées ; suspensorium très oblique ; opercules et interopercules larges ; dents petites,
inégales, mais sans canines. Type : *Palæoniscus Frieslebeni*, Ag.

Près de ce genre, on peut placer les *Rhadinichthys*, Traquair (type : *Palæoniscus ornatissimus*, Ag.) et *Geomichthys*, Sauvage (type : *Geomichthys Zelleri*, Sauvg.).

D'après Traquair, d'autres genres des terrains paléozoiques doivent prendre
place dans la famille des Palæoniscidées ; ce sont les genres : *Nematoptychius*,
Trq., *Cycloptychius*, Huxley, *Phanerosteon*, Trq., *Canobius*, Trq., *Holurus*,
Trq., *Cryphiolepis*, Trq., *Acrolepis*, Ag., *Pygopterus*, Ag., *Myriolepis*, Egerton,
Urosthenes, Dana, *Eurylepis*, Newbery.

Par contre, certaines espèces rapportées par Agassiz au genre Palæoniscus
ne font même pas partie de la famille des Palæoniscus, d'après Traquair. Le
Palæoniscus fultus, Ag., rentre dans le genre *Ischypterus*, Eg., le *Palæoniscus
glaphyrus*, Ag., dans le genre *Acentrophorus*, Traq.; le *Palæoniscus catopterus*,
Ag., doit, sans doute, prendre place dans le genre *Dictyopyge*, Ag.

Les deux genres Agassiziens *Amblypterus* et *Palæoniscus* étant bien définis,
il nous est possible d'étudier les Palæoniscidées trouvés dans le terrain permien
d'Autun.

Les espèces décrites par Agassiz sous le nom de *Palæoniscus Voltzii*, *Blainvillei* et *angustus* ne sont certainement pas des Palæoniscus, même dans le
sens qu'Agassiz attachait à ce genre, mais doivent être rapprochées des Amblypterus, malgré les différences avec l'espèce typique, *Amblypterus latus*. Les
nageoires sont toutes beaucoup moins développées, à part la caudale ; les
fulcres sont plus gros ; la squammation est un peu différente ; mais, lorsqu'on
étudie les caractères un par un, il est difficile d'en trouver qui aient une valeur
générique suffisante permettant de séparer les espèces précitées des Amblypterus proprement dits ; on ne constate que des caractères de sections, per-

mettant seulement de grouper les espèces autour de certains types plus particulièrement définis.

Un Amblypterus proprement dit se trouve à Autun, l'*Amblypterus bibractensis*, voisin de l'*A. latus*.

Deux espèces, bien que par la position et la forme de l'opercule se rapprochant du type Amblypterus, ne peuvent cependant rentrer dans aucun des genres établis par Traquair; les écailles sont dentelées au bord, les nageoires sont garnies de gros fulcres.

C'est à une section du genre Palæoniscus que nous rapportons une espèce du Permien d'Autun, bien que la forme du corps soit moins allongée que chez le type, *Palæoniscus ornatissimus*, Ag. C'est avec doute que nous rapportons une espèce au genre *Rhadinichthys*, Traq.

Quelques fragments provenant du Permien d'Autun et de l'Allier indiquent la présence du genre *Elonichthys*, Gieb., genre qui a été principalement trouvé dans le terrain carbonifère.

En résumé, les Palæoniscidées qui ont été recueillis dans le terrain permien d'Autun sont indiqués par le tableau dicthotomique suivant :

1.	Anale longue	*Pygopterus Bonnardi.*
	Anale courte	2.
2.	Écailles non dentelées	3.
	Écailles dentelées	7.
3.	Écailles striées	*Elonichthys.*
	Écailles lisses	4.
4.	Dorsale et anale nues	5.
	Dorsale et anale empâtées par des écailles	6.
5.	Série de petites écailles au ventre	*Amblypterus bibractensis.*
	Pas de série de petites écailles	*Amblypterus angustus.*
6.	Corps élevé	*Am. inæquilobum.*
	Corps ovalaire	*Amblypterus Voltzii.*
7.	Corps élevé	*Œdua Gaudryi.*
	Corps ovalaire	8.
8.	Dorsale entièrement au-dessus de l'anale	*Archeoniscus Rochei.*
	Dorsale en grande partie en dehors ou entièrement en dehors	9.
9.	Principaux rayons de la pectorale divisés	*Palæoniscus Landrioti.*
	Principaux rayons de la pectorale non divisés	*Rhadinichthys ? Lallyi.*

TYPE AMBLYPTERUS.

Genre AMBLYPTERUS, Ag.

SECTION A.

AMBLYPTERUS TYPIQUES.

Écailles du ventre formant des séries d'écailles beaucoup plus petites que celles des flancs; dorsale et anale non empâtées par des écailles; dorsale en grande partie au-dessus de l'anale; fulcres petits; nageoires bien développées; écailles lisses.

AMBLYPTERUS BIBRACTENSIS, Sauvg.

(Pl. II, fig. 3; pl. III, fig. 6.)

Cette espèce nous est connue par deux exemplaires recueillis à Margennes, aux environs d'Autun. Le corps est trapu; la hauteur, qui égale la longueur de la tête, est contenue deux fois et demie dans la longueur, caudale non comprise, et près de quatre fois avec cette nageoire; la ligne du dos et celle du ventre sont régulièrement arquées; le pédicule caudal est assez robuste, sa hauteur étant contenue deux fois et demie dans la hauteur maximum du tronc. La tête est grosse, légèrement bombée au-dessus; l'œil est assez grand, placé très en avant; l'opercule, qui occupe la position et a la forme que nous voyons chez les Amblypterus typiques (*Am. latus*), est orné de stries concentriques; le suspensorium est presque vertical, comme chez les Amblypterus proprement dits.

Toutes les écailles sont lisses, entières, et diminuent très régulièrement de grandeur dans la partie postérieure du corps; elles sont disposées en séries sinueuses; les écailles du ventre sont allongées, sur sept rangées, plus petites que celles des flancs. La ligne latérale s'étend en ligne sensiblement droite de l'angle inférieur de l'opercule au pédicule caudal; nous y comptons environ 45 écailles. Les écailles de la ligne du dos ont une forme ovalaire; en avant de la dorsale se voient trois ou quatre écailles plus grandes que les autres; en avant de l'anale sont deux grandes écailles, de forme ovalaire, ornées de lignes concentriques bien marquées.

La dorsale est grande, située au-dessus de l'anale, qu'elle déborde un peu en avant; la nageoire a une forme triangulaire, les premiers rayons étant les plus longs; les rayons sont nombreux; le premier est garni de fulcres. L'anale a même forme et même grandeur que la dorsale; nous y comptons 33 à 35 rayons. Ni la dorsale, ni l'anale ne sont empâtées par des écailles, ainsi que nous les noterons chez les *Amblypterus inæquilobum* et *Voltzii*.

La caudale est très hétérocerque, le lobe supérieur étant beaucoup plus long que l'inférieur; la longueur de la nageoire fait près du tiers de la longueur totale du corps. Le lobe supérieur est garni de gros fulcres, qui deviennent de plus en plus petits. La bande d'écailles qui garnit le lobe supérieur est large. Les ventrales s'attachent par une large base; le nombre des rayons est de 15-16; étendues, ces nageoires iraient jusque près de l'origine de l'anale.

Longueur totale	70 mill.
Longueur de la tête	16
Hauteur maximum du corps	17
Distance de l'extrémité du museau à l'origine de la dorsale	31
Longueur de la caudale	27
Longueur du lobe inférieur de la caudale	13
Hauteur de l'anale	10
Longueur de l'anale	8

Voisine de *A. latus*, Ag., du Permien inférieur de Leback et de Saarbruck, cette espèce en diffère par l'anale moins grande, ne s'étendant pas jusqu'à l'origine de la caudale, et par l'écaillure; Agassiz note, en effet, chez *A. latus* « que les séries d'écailles vont en s'élargissant du dos vers la partie inférieure de l'abdomen ». L'*A. lateralis*, Ag., de Saarbruck, a l'anale beaucoup plus grande que l'espèce de Margennes.

Sous-étage supérieur.

SECTION B.

Nageoires peu développées, largement empâtées par des écailles; caudale très obliquement insérée; écailles lisses; opercule ayant la forme et la position que l'on voit chez les Amblypterus typiques; dents aiguës, égales, en brosse; dorsale insérée en grande partie en avant de l'anale.

AMBLYPTERUS INÆQUILOBUM, Blainv.

(Pl. IV, fig. 4, fig. 5, fig. 8.)

Palæothrissum inæquilobum, Blainville, *Sur les Ichthyolites*, *Loc. cit.*, p. 17; 1818.
Palæothrissum parvum, Blainville, *Loc. cit.*, p. 17; 1818.
Palæoniscus Blainvillei, Agassiz, *Op. cit.*, t. II, p. 48, pl. V, fig. 1-7.

Dans cette espèce, la forme générale du corps est un ovale allongé, rétréci dans sa partie postérieure; la hauteur est contenue un peu moins de deux fois dans la longueur, sans la caudale, et près de trois fois, cette nageoire étant comprise. La ligne du dos est régulièrement bombée de l'origine de la dorsale à l'extrémité du museau, la courbure étant plus accentuée un peu avant la partie postérieure de la tête; la ligne du ventre est régulièrement bombée jusqu'au niveau de l'anale. Le pédicule caudal est robuste, sa hauteur étant contenue deux fois et demie dans la hauteur maximum du tronc.

La tête est petite, faisant près du cinquième de la longueur totale du corps; tous les os sont ornés d'élégantes vermiculations. L'opercule, qui est arrondi à son bord postérieur, à peine courbe au bord antérieur, présente, vers le bord postérieur, un épaississement en bourrelet, suivi d'une assez large dépression; il porte des granulations irrégulières qui divergent du bord antérieur; la forme et la position de l'opercule sont celles des Amblypterus typiques. L'interopercule est assez élevé, orné de stries concentriques. Le postemporal est grand. Le préopercule est peu développé. Le diamètre de l'orbite fait environ le tiers de la longueur de la tête. Les rayons branchiostèges sont larges, au nombre de cinq ou six, ornés de rides concentriques. Les dents sont aiguës, égales, en brosse.

Les écailles sont lisses, brillantes, entières, sans ligne d'accroissement. Les plus grandes sont celles qui recouvrent le tronc; elles sont plus hautes que longues; vers la queue les écailles deviennent peu à peu plus petites et, en même temps, plus longues que hautes; elles sont, en ce point, disposées en séries légèrement onduleuses; entre la partie postérieure de la tête et l'origine des ventrales les écailles sont un peu plus petites que celles du tronc; entre les ventrales et l'anale, sur cinq ou six rangées, les écailles sont un peu plus longues que hautes. Ainsi que le note Agassiz « la position des écailles et leur imbrication sont telles que l'on distingue seulement des séries dorso-ventrales continues, légèrement inclinées d'avant en arrière, et presque droites ; au niveau du dos seulement elles sont un peu arquées en avant, et, au bord du ventre, légèrement déviées en arrière. . . . . Dans la partie antérieure du corps les bords supérieur et inférieur d'une écaille ne sont pas directement placés à la suite des mêmes bords des écailles de la série voisine, mais aboutissent à la partie supérieure de leurs bords postérieurs, tandis que, sur le prolongement de la queue, tous les bords des écailles ne sont plus directement continus. »

On compte, au niveau des ventrales, six rangées d'écailles au-dessus de la ligne latérale, huit en dessous. La ligne latérale, légèrement arquée dans sa partie antérieure, vient se terminer un peu en dessous du milieu de la base de la caudale ; on y compte 41-43 écailles ; dans la partie antérieure des corps ces écailles sont un peu plus hautes que celles des séries avoisinantes et le tube muqueux occupe presque toute la longueur de l'écaille, qui est bombée à son niveau ; à partir du milieu de l'anale les écailles de la ligne latérale prennent une forme allongée et le tube n'occupe plus qu'une partie de la longueur de l'écaille, se montrant en saillie vers la partie médiane, dans laquelle il s'ouvre ; les écailles de cette région ont les bords postérieur et antérieur légèrement échancrés.

Les écailles du dos sont ovalaires ; on remarque en avant de la dorsale quatre écailles lancéolées, les deux antérieures plus grandes, les deux postérieures plus étroites et plus longues, repliées de manière à recouvrir la base de la nageoire ; en arrière de la dorsale, les huit premières écailles sont semblables à celles des rangées situées en dessous, puis, au niveau de l'origine du lobe de la caudale se trouve une grande écaille de forme lancéolée, suivie de fulcres. Jusqu'à son extrémité, le lobe supérieur de la caudale est garni d'écailles qui deviennent de plus en plus petites et de plus en plus allongées ; le lobe est d'abord garni de cinq gros fulcres, puis de fulcres plus déliés, devenant de plus en plus ténus.

La dorsale est située au-dessus de l'espace qui sépare les ventrales de l'anale, se terminant exactement au-dessus de l'origine de cette dernière nageoire ; elle s'insère en arrière du milieu de la longueur du dos. La nageoire, un peu plus haute que longue, légèrement tronquée, se compose de 23-24 rayons, les trois premiers courts et indivis, les autres fixement divisés à leur extrémité ; les fulcres sont au nombre de 15-16, les supérieurs plus petits. La nageoire, ainsi que l'anale, est empâtée par des écailles.

La nageoire caudale, très obliquement insérée, est grande, contenue un peu plus de deux fois et demie dans la longueur totale du corps; les rayons sont nombreux, d'autant plus courts et plus grêles qu'ils se rapprochent de l'extrémité du lobe supérieur. Tous les rayons sont fortement empâtés par des écailles; ainsi que le note Agassiz « les écailles qui recouvrent les rayons du lobe inférieur sont beaucoup plus longues que larges et, en même temps, plus longues que celles qui sont attachées aux rayons du lobe supérieur et qui ont plutôt des dimensions inverses ».

L'anale, de même hauteur que la dorsale, est plus haute que longue et arrive près de la base de la caudale; nous y comptons 21-22 rayons, tous divisés, à part le premier, qui est garni de fulcres déliés, plus gros vers la base de la nageoire.

Les pectorales s'étendent jusque vers le milieu de l'espace qui sépare la base de la nageoire de l'attache des ventrales. Celles-ci, placées à égale distance des pectorales et de l'anale, sont plus longues et se composent d'une vingtaine de rayons.

Longueur totale du corps	120 mill.
Longueur de la tête	32
Hauteur maximum du corps	46
Hauteur du pédicule caudal	21
Longueur de la caudale	50
Longueur de la dorsale	18
Hauteur de la dorsale	19
Longueur de l'anale	14
Longueur des pectorales	10
Longueur des ventrales	18

Cette espèce, comme au Pont-de-Muse, est du sous-étage moyen.

AMBLYPTERUS VOLTZII, Ag.

(Pl. V, fig. 5, 6, 7.)

Palæoniscus Voltzii, Agassiz, *Rech. sur les poissons fossiles*, t. II, p. 55, pl. VI, fig. 1-7.

Ainsi que l'a noté Agassiz, cette espèce diffère de l'*Am. Blainvillei* (*inæquilobum*), du même gisement, par la forme plus allongée du corps et les proportions des parties. La hauteur du corps est contenue quatre fois dans la longueur totale, la longueur de la tête quatre fois deux tiers dans la même dimension; le corps est régulièrement ovalaire; le pédicule caudal est robuste, sa hauteur étant contenue deux fois et deux tiers dans la hauteur maximum du tronc.

L'opercule est grand, de même que l'orbite. Agassiz note que tous les os
de la tête sont lisses; nous voyons cependant chez un individu adulte un
élégant dessin formé de lignes onduleuses irrégulières.

Les écailles sont plus grandes et de forme plus carrée que chez l'*Am. inæquilobum*, au moins pour les écailles du tronc situées un peu au-dessous de la
ligne latérale. Les écailles situées un peu au-dessus de cette ligne sont d'abord
un peu plus hautes que longues, puis, vers le dos, prennent une forme
carrée. Les écailles situées entre les ventrales et l'anale sont plus petites que
chez l'*Am. inæquilobum* et de forme plus allongée. Toute la ligne du dos est
formée d'écailles ovalaires; les deux écailles placées en avant de la dorsale se
redressent contre cette nageoire. Le tube des écailles de la ligne latérale est
très court, placé vers le milieu de la longueur de l'écaille; la ligne latérale, à
peine arquée vers le dos, se compose de 37-38 écailles. Le nombre des
écailles dans une série transverse est de 5-13 au niveau du milieu de l'espace
compris entre les pectorales et les ventrales, de 13 sur une ligne allant de
l'extrémité de la dorsale à la terminaison de l'anale. Toutes les écailles sont
lisses.

La nageoire dorsale, placée en arrière du milieu de l'espace qui sépare la
partie postérieure de la tête de l'origine de la caudale, s'insère au-dessus de
l'espace qui sépare les ventrales de l'anale, se terminant un peu en avant de
l'origine de cette dernière nageoire ou exactement à son niveau. Les rayons
antérieurs sont beaucoup plus allongés que les postérieurs; ces rayons, au
nombre de 26 à 28, sont finement divisés à leur extrémité; on compte une
douzaine de fulcres le long du premier rayon; les écailles qui recouvrent la
partie antérieure de la nageoire sont beaucoup plus grandes que celles qui se
voient à la partie postérieure.

L'anale est aussi haute que la dorsale et de même forme, mais un peu plus
courte; les fulcres sont petits; les écailles qui recouvrent la partie antérieure
de la nageoire sont plus grandes que celles de la partie postérieure.

La caudale est plus hétérocerque que chez l'*Am. inæquilobum*, le lobe supérieur étant plus allongé; on y compte au moins 130 rayons, qui sont d'autant
plus courts et plus déliés qu'ils se rapprochent de l'extrémité du lobe supérieur de la nageoire, qui est très effilée; les rayons sont très déliés, très divisés. La nageoire est recouverte d'écailles qui sont plus grandes et de forme
plus allongée sur le lobe inférieur de la nageoire; ces écailles prennent en-
suite une forme losangique et deviennent de plus en plus petites. Les fulcres

du lobe supérieur sont beaucoup plus petits que ceux qui garnissent le lobe inférieur au point correspondant; le lobe supérieur est garni de fulcres, d'abord au nombre de sept et très gros, puis de fulcres qui sont d'autant plus petits et plus déliés qu'ils se rapprochent de l'extrémité de la nageoire.

Les ventrales sont un peu plus reculées et plus rapprochées de l'anale que chez l'*Am. inæquilobum*; on compte une vingtaine de rayons, le premier garni de fulcres déliés.

Les pectorales sont grêles; on y compte 22-24 rayons fortement divisés.

Longueur totale du corps	220 mill.
Longueur sans la caudale	138
Longueur de la tête	45
Hauteur maximum du tronc	54
Hauteur au pédicule caudal	25
Hauteur de la dorsale	35
Longueur de la dorsale	24
Longueur des ventrales	24

L'*Am. Voltzii*, d'après Agassiz a été « trouvé au Pont de Muse, près d'Autun, pêle-mêle avec l'*Am. Blainvillei*, mais il est plus rare ». Nous connaissons cette espèce de Millery (M. Roche), de Muse et de Margennes (M. Renault); elle est du sous-étage supérieur ou du Boghead, ainsi que du sous-étage moyen.

SECTION C.

Nageoires verticales relativement petites, non empâtées par des écailles; écailles lisses; dorsale insérée en dehors de l'aplomb de l'anale; caudale très obliquement insérée.

AMBLYPTERUS ANGUSTUS, Ag.

(Pl. III, fig. 5; pl. IV, fig. 2.)

Palæoniscus angustus, Agassiz, *Op. cit.*, p. 57, pl. IX, fig. 1-5.

Ainsi que l'a noté Agassiz, cette espèce est, par certains de ces caractères, intermédiaire entre *Am. Voltzii* et *Am. Blainvillei*; la forme du corps est toujours plus élancée que chez *Am. Voltzii*, le lobe supérieur de la caudale plus long, les écailles qui revêtent les rayons beaucoup plus grêles; d'après Agassiz, en effet, « ce qui distingue surtout l'*Am. angustus* c'est que les rayons des nageoires sont beaucoup plus grêles, articulés à des distances plus considérables, et surtout recouverts de très longues écailles fort étroites, qui forment, sur toutes les nageoires, des séries transverses assez larges, se rétrécissant peu vers leur bord postérieur; on les voit même distinctement à l'œil nu. Le mode de recouvrement des rayons diffère si considérablement de celui des *Palæoniscus Blainvillei* et *Voltzii,* que les nageoires du *Palæoniscus angustus* paraissent nues à côté de celles des deux autres espèces, tant les écailles qui les recouvrent sont étroites et allongées, et ressemblent par là à des articles de rayons articulés. » Nous avons pu nous assurer de l'exactitude des observations faites par Agassiz; nous avons eu, en effet, sous les yeux le type figuré à la planche IX, n° 2; il est étiqueté « *Palæothrissum angustum,* des schistes de Muse; M. Bonnard ».

Le corps est allongé, près de cinq fois plus long que haut; le dessus de la tête est à peine bombé; la longueur de la tête fait le quart de la longueur du corps. L'opercule est grand, directement placé au-dessus de l'interopercule, comme chez les Amblypterus typiques, mais n'a pas la forme ovalaire que l'on voit chez ces derniers; il est plus haut que large. Le préopercule vient, par une extrémité assez large, se mettre en rapport avec les rayons branchiostèges; il a la forme et la position que l'on voit chez les Palæoniscus typiques. Le maxillaire est large à son extrémité postérieure. L'orbite est assez grande.

Ainsi que le remarque Agassiz. « les écailles sont rhomboïdales, aussi longues que hautes sur le tronc; elles sont plus grandes sur les flancs, dans la partie antérieure du corps, et vont en diminuant jusqu'au rétrécissement de la queue, où elles s'inclinent plus en arrière, pour prendre la direction du prolongement de la queue. La ligne latérale est bien marquée; elle commence à l'angle supérieur de l'opercule et s'étend jusqu'au bord inférieur du prolongement de la queue, le long duquel elle se continue, restant toujours parallèle à la ligne du dos, et, par conséquent, légèrement arquée vers le dos dans sa partie antérieure; les écailles qui en font partie sont percées d'un long tube qui s'ouvre vers leur bord antérieur. Un caractère particulier dans l'imbrication des écailles de cette espèce, qui la distingue des autres, c'est que les grandes écailles des côtés ne correspondent pas les unes aux autres par leurs bords supérieurs et inférieurs, mais que ces bords aboutissent sur le milieu, ou à peu près, du bord postérieur de la série précédente. » Nous

ajouterons que au devant de l'anale se trouve une écaille plus grande que les
autres. Les écailles deviennent de plus en plus obliques et de plus en plus
petites sur le lobe supérieur de la caudale. On compte 38-40 écailles à la
ligne latérale, 6 écailles au-dessus de cette ligne, 15 au-dessous, dans une
série prise au niveau du bord antérieur des ventrales. Les séries d'écailles
forment des lignes onduleuses, surtout au-dessous de la ligne latérale. D'après
Agassiz, toutes les écailles sont parfaitement lisses ; sur des exemplaires bien
conservés, nous voyons cependant que, dans la partie antérieure du tronc,
les écailles sont ornées de lignes concentriques peu saillantes jusqu'au niveau
de l'anale ; dans la partie postérieure du tronc les écailles sont lisses.

La dorsale correspond exactement à l'intervalle qui sépare les ventrales de
l'anale ; les rayons en sont grêles ; les fulcres sont très petits. On compte 17-
18 rayons à l'anale ; les premiers rayons sont les plus grêles, de telle sorte
que la nageoire a une forme à peu près triangulaire. La caudale est propor-
tionnellement très grande, très hétérocerque, très obliquement insérée ; sa
longueur est contenue deux fois deux tiers dans la longueur du corps ; la
bande d'écailles qui garnit le lobe supérieur de la nageoire est large, de telle
sorte que les rayons sont courts ; ils ne sont pas empâtés par des écailles ; les
premiers fulcres sont assez gros, tant au lobe inférieur qu'au supérieur. Les
pectorales, composées de 14-15 rayons, sont grêles et ne s'étendent pas jusqu'aux ventrales ; ces dernières nageoires, composées d'une douzaine de
rayons, s'attachent plus près des pectorales que de l'anale.

Longueur totale du corps............................. 75 mill.
Longueur de la tête.................................. 17
Longueur de la caudale.............................. 27
Hauteur maximum du corps......................... 17
Hauteur au pédicule caudal......................... 8

Nous avons sous les yeux un exemplaire long de 45 millimètres qui doit
être regardé comme un individu jeune et qui montre bien tous les caractères
de l'espèce. La tête, dont la longueur est de 10 millimètres, est un peu
bombée en dessus, le profil étant légèrement décliné.

L'opercule est plus grand que l'interopercule et porte parallèlement au
bord postérieur quelques stries assez fortes ; son bord supérieur est arrondi,
le bord inférieur droit. La bouche est largement fendue, le museau surplom-
bant largement la mâchoire inférieure ; les dents sont fines, aiguës, disposées

sur plusieurs rangées; l'extrémité postérieure du maxillaire est large; l'œil est assez grand, placé en avant. Le suspensorium est peu oblique.

La ligne latérale commence vers l'angle supérieur de l'opercule et, au niveau du bord antérieur de l'anale, décrit une courbure assez marquée, pour venir se terminer au-dessus du milieu du pédicule caudal; on y compte 39-41 écailles; ces écailles sont ovalaires, au moins dans la partie antérieure du corps; leur bord postérieur est échancré; le tube est long, bien saillant. Les écailles des flancs sont rhomboïdales dans la partie antérieure du corps, au-dessous de la ligne latérale; elles s'allongent dans la partie postérieure du tronc et prennent une forme losangique.

Cette espèce est de Muse et de Millery.

L'*Amblypterus angustus*, considéré comme particulier aux schistes permiens d'Autun, a été trouvé par M. L. de Launay dans les schistes noirs (schistes papier) intercalés dans les grès de Bourbon; plusieurs exemplaires ont été recueillis au Pontet (Allier). Ces exemplaires présentent bien les caractères de l'espèce; le corps est allongé, le pédicule caudal robuste. La ligne latérale est un peu arquée à partir du milieu de la longueur du corps, puis se relève pour se terminer au pédicule caudal; le tube est saillant, plus long pour les écailles de la partie postérieure du corps. Les écailles sont relativement grandes; nous comptons 39-40 écailles à la ligne latérale, 7 écailles au-dessous de cette ligne. L'opercule est grand, orné de quelques stries concentriques peu saillantes. En avant de la dorsale sont trois écailles plus grandes que les autres; une écaille ovalaire se voit à la base de l'anale.

Genre ÆDUA, n. gen.

Corps trapu, élevé. Écailles lisses, dentelées au bord dans la partie antérieure du tronc. Nageoires relativement peu développées; fulcres assez gros; dorsale insérée en avant de l'anale; anale et dorsale recouvertes d'écailles; rayons des pectorales divisés. Suspensorium peu oblique.

Du groupe des Amblypterus.

ÆDUA GAUDRYI, Sauvg.

(Pl. II, fig. 1; pl. III, fig. 1; pl. V, fig. 2, 3, 4.)

Cette espèce se reconnaît facilement aux écailles dentelées, à la position de la dorsale insérée en avant de l'anale, à la forme du corps; nous en connaissons quatre exemplaires, trois trouvés à Igornay par M. Roche; l'autre exemplaire n'a pas de localité précise et porte seulement « Autun ».

L'exemplaire le plus complet indique un poisson d'environ $0^m,210$ de longueur. Le corps est haut; le dos est fortement arqué à partir du niveau de la dorsale. La hauteur maximum du tronc, prise au niveau du bord antérieur de la dorsale, est contenue environ deux fois et demie dans la longueur totale du corps et une fois deux tiers dans la distance qui sépare la tête de l'origine de la caudale; le pédicule caudal est robuste, sa hauteur étant contenue près de deux fois et demie dans la hauteur maximum du tronc. La ligne du ventre est un peu moins arquée que celle du dos.

Les écailles sont relativement peu grandes; on en compte 43 dans une série longitudinale, 28-30 dans une série transversale prise au niveau de la partie postérieure de l'attache des ventrales. Les écailles de la partie antérieure du tronc ont une forme sensiblement carrée; elles sont dentelées au bord; les écailles du ventre sont petites, entières, allongées, disposées suivant six rangées; derrière la partie supérieure de la tête les écailles, tout en étant presque carrées, sont disposées de telle sorte que l'angle postérieur se trouve à peu près sur le prolongement de l'angle antérieur. On voit un amas de petites écailles au niveau de la dorsale et de l'anale. Les écailles du lobe supérieur de la caudale sont allongées, plus grandes que sur les autres espèces trouvées aux environs d'Autun.

Ainsi que nous l'avons dit, la dorsale s'insère complètement en avant de l'anale, se terminant un peu avant le niveau de cette nageoire; peu étendue, elle est un peu plus haute que longue; nous y comptons 26-27 rayons. L'anale, de même grandeur que la dorsale, se compose d'un même nombre de rayons; la nageoire est entièrement recouverte par des écailles, qui deviennent d'autant plus petites qu'elles se rapprochent de l'extrémité des rayons; ceux-ci sont finement divisés; il en est de même pour la dorsale. La caudale paraît avoir été très échancrée et robuste; les fulcres du lobe inférieur, au nombre d'environ 35, d'abord assez gros, deviennent de plus en plus petits; la bande d'écailles qui garnit le lobe inférieur est très large, de telle sorte que les rayons sont petits; ceux-ci sont empâtés par des écailles. Les ventrales s'attachent à égale distance des pectorales et de l'anale.

Un autre exemplaire indique un animal d'environ $0^m,340$ de longueur. Le corps a la forme qui a été indiquée plus haut. La tête paraît avoir été assez

3

grosse, sa longueur devant faire le tiers de la longueur du corps, sans la caudale. Le suspensorium est peu oblique; la clavicule est grande, de forme ovalaire, ornée de stries formant un élégant dessin; la clavicule inférieure est grande, de forme triangulaire, striée. Tous les os de la tête sont élégamment ornés de vermiculations, ainsi que les rayons branchiostèges, qui sont robustes. Le préopercule arrive en pointe au contact avec ces rayons. L'opercule et l'interopercule sont grands.

Nous comptons 44 écailles dans une série longitudinale, 29 dans une série transversale prise au niveau de l'attache des ventrales, savoir 8-9 au-dessus de la ligne latérale, 19-20 au-dessous. Le tube de la ligne latérale s'étend sur toute la longueur de l'écaille. Les écailles de la partie antérieure du tronc, au-dessous de la ligne latérale, sont assez grandes, plus hautes que longues, lisses, brillantes, unies; le bord postérieur est découpé, dans les trois quarts environ de sa hauteur, par une dizaine de fines denticulations; au-dessus de la ligne latérale les denticulations sont moins nombreuses; les écailles de la ligne latérale ont 2-3 denticulations au-dessus de l'ouverture du tube, 4-5 au-dessous. Les écailles du tronc diminuent très régulièrement de grandeur; le nombre des dentelures du bord postérieur devient moindre et l'on n'en voit plus que 4-5 aux écailles situées au niveau des ventrales. Vers l'anale, les écailles, plus petites, s'allongent et ne sont plus dentelées. Les écailles du lobe supérieur de la caudale sont de plus en plus petites, allongées, losangiques, à angle postérieur très aigu. Les écailles de la partie inférieure du tronc forment 8 séries; ces écailles sont allongées; le bord postérieur est découpé par 5-6 denticulations qui sont plus fortes vers l'angle inférieur; ces séries d'écailles remontent au-dessus de la base des ventrales, viennent border la ligne du ventre entre les ventrales et l'anale et bordent cette dernière nageoire; pour ces dernières nageoires, de même que pour celles qui sont situées entre les ventrales et l'anale on ne voit plus que 1-2 dentelures à l'angle. En avant de l'anale se trouve une écaille beaucoup plus grande, de forme ovalaire, un peu bombée, ornée au pourtour de stries granuleuses saillantes.

L'anale est un peu plus haute que longue; le premier rayon est garni de fulcres, d'abord assez gros, puis devenant de plus en plus petits; ces fulcres sont au nombre de 30 environ. Le pédicule caudal est robuste; on voit à la base du lobe inférieur de la nageoire une forte écaille bombée, lisse, pointue, puis des fulcres nombreux, de plus en plus petits; les premiers fulcres du

lobe supérieur sont grands. Les ventrales s'insèrent à égale distance de l'anale
et des pectorales; nous comptons une vingtaine de rayons aux nageoires, qui
ne sont pas très longues. Les pectorales, assez longues, devaient s'étendre
jusque près des ventrales; les rayons paraissent avoir été divisés.

Si nous en jugeons par les deux autres fragments que nous avons sous les
yeux, la taille chez l'adulte aurait atteint de 0^m,360 à 0^m,370.

Cette espèce est du sous-étage inférieur, Igornay.

Genre ARCHEONISCUS, n. gen.

Corps fusiforme, ovalaire. Écailles rhomboïdales, lisses, dentelées : nageoires impaires relativement petites, garnies de gros fulcres. Dorsale s'in-
sérant entièrement au-dessus de l'anale. Anale et dorsale recouvertes d'écailles
entuilées. Base des ventrales étendue. Principaux rayons des pectorales divisés. Caudale très hétérocerque. Suspensorium oblique. Opercule occupant
une position intermédiaire entre ce que l'on voit chez *Amblypterus* et *Palæoniscus*. Tête des *Amblypterus*.

ARCHEONISCUS ROCHEI, Sauvg.

(Pl. I, fig. 1, 2.)

Cette espèce, nettement caractérisée par la position de la dorsale, entièrement insérée au-dessus de l'anale, nous est connue par trois exemplaires recueillis par M. Roche au Ravin d'Igornay.

Le plus petit, mais le plus complet de ces exemplaires, aurait environ
0^m,210, la caudale étant entière. Le corps a une forme ovalaire, la hauteur
étant contenue trois fois un tiers dans la longueur totale; la hauteur maximum
se trouve un peu en avant de la dorsale; à partir de ce point le profil supérieur s'incline doucement et régulièrement jusque vers le niveau de l'œil,
puis s'infléchit plus brusquement, ainsi qu'on le remarque chez tous les Palæoniscidées. Le pédicule caudal est robuste, sa hauteur étant contenue deux
fois un quart dans la hauteur maximum du corps.

La ligne latérale est à peu près droite, ne s'infléchissant un peu que dans
sa partie postérieure; on y compte 45-46 écailles.

Dans la partie moyenne du corps les écailles ont une forme sensiblement
carrée; les écailles de la ligne du dos ont une forme différente des autres et

3.

sont plus grandes, surtout celles qui avoisinent la dorsale; après cette nageoire, les écailles prennent une forme de plus en plus allongée; les écailles
du lobe supérieur de la caudale sont losangiques et allongées, de plus en plus
petites.

Ainsi que nous l'avons dit, la dorsale est située entièrement au-dessus de
l'anale, les deux nageoires ayant même grandeur. La dorsale est un peu plus
haute que longue; il en est de même pour l'anale, qui est précédée d'une
grande écaille oblongue, ornée de stries et de granulations irrégulièrement
disposées. La caudale est très hétérocerque; le long du lobe supérieur sont
de gros fulcres.

Un autre exemplaire de plus grande taille a $0^m,115$ de haut. Le corps est
régulièrement ovalaire, le profil du dos s'inclinant doucement et régulièrement. La tête est grande, sa longueur étant contenue environ quatre fois un
tiers dans la longueur totale du corps. Le suspensorium est peu oblique; la
clavicule supérieure est plus longue, mais moins large que la clavicule; le bord
inférieur est taillé en biseau; la clavicule supérieure est en rapport, dans la
moitié de sa longueur, avec l'interopercule; son bord supérieur est échancré,
pour recevoir le post-temporal, dont la forme est sensiblement ovalaire.
L'infra-clavicule est assez grande et se prolonge en pointe en arrière. L'opercule est un peu obliquement placé, de forme sensiblement losangique, le
bord antérieur étant toutefois irrégulier; cet os paraît avoir été rugueux. L'interopercule est grand, plus haut que large, à bord postérieur légèrement
arrondi; le bord antérieur continue assez régulièrement la courbe de l'opercule; l'os est orné de fortes stries onduleuses. L'orbite est petite, son diamètre faisant environ la septième partie de la longueur de la tête. Le maxillaire est élargi en arrière. Le prémaxillaire est petit, de forme ovalaire.
L'ethmoïde et le nasal sont grands et remontent haut sur le museau. Le
frontal, très grand, est près de deux fois aussi long que haut; le pariétal est
moins haut et beaucoup plus court. Le squammosal paraît avoir été fort
réduit, venant s'intercaler en coin entre le frontal, le pariétal, l'opercule. Le
préopercule est large. Les pièces post-orbitaires sont très développées et font
près du tiers de la longueur de la tête; elles paraissent être au nombre de
quatre, les deux postérieures plus grandes. Le museau surplombe beaucoup,
de telle sorte que la mâchoire inférieure est beaucoup plus courte que la supérieure. La mandibule est ornée de fortes réticulations formant un élégant
lacis. Les rayons branchiostèges sont robustes.

Par suite de la fossilisation, une pectorale a été rejetée en avant ; cette nageoire, longue d'environ o^m,o52, s'étendrait presque jusqu'aux ventrales ; on y compte 21-22 rayons ; ces rayons ne sont pas divisés. La base des ventrales paraît avoir été large. La dorsale est opposée à l'anale ; les rayons de ces deux nageoires sont couverts d'écailles entuilées.

Le troisième exemplaire, très fruste dans certaines de ses parties, est cependant intéressant en ce qu'il nous donne la disposition et la forme des écailles ; celles-ci sont dentelées au bord postérieur, les dentelures étant plus fortes vers le bord inférieur. Les écailles de la partie inférieure du corps forment une dizaine de séries ; elles sont près de deux fois plus longues que hautes ; les bords antérieur et postérieur sont obliquement coupés, de telle sorte que l'angle antéro-supérieur et l'angle postéro-inférieur sont allongés ; ce dernier angle est entaillé par une dentelure.

Vers la partie moyenne du corps, les écailles du tronc deviennent plus longues que hautes et ne présentent plus que deux ou trois denticulations, vers le bord inférieur ; vers la partie postérieure du corps les écailles prennent une forme losangique et le bord postérieur ne porte plus qu'une ou deux denticulations vers l'angle inférieur. Les écailles situées en avant de l'anale sont lisses, brillantes, ovalaires, avec la partie antérieure pointue. La bande d'écailles qui garnit le lobe supérieur de la caudale est large, de telle sorte que les rayons sont courts ; la nageoire est empâtée par des écailles.

Sous-étage inférieur d'Igornay.

· Il est probable que l'espèce que nous venons de décrire est celle qui a été désignée par M. Landriot sous le nom de *Palæoniscus magnus*, Ag. ; cette dernière espèce, de Mansfeld, s'en distingue nettement par la position de la dorsale, qui correspond à l'espace qui sépare les ventrales de l'anale.

TYPE PALÆONISCUS.

PALÆONISCUS LANDRIOTI, Sauvg.

(Pl. III, fig. 3 ; pl. V, fig. 9.)

Sous le nom de *Palæothrissum inæquilobum*, Blainv., se trouve dans la collection de paléontologie du Muséum d'histoire naturelle un poisson de Muse qui a la forme de l'*Amblypterus angustus*, Ag. mais qui ne peut être rapporté à cette espèce, les écailles étant dentelées au bord postérieur.

Le corps est allongé, la hauteur faisant environ le septième de la longueur totale; le pédicule caudal est robuste et a près des deux tiers de la hauteur maximum du corps; la ligne du dos et celle du ventre sont peu arquées.

La tête est assez grande, sa longueur étant comprise trois fois et demie dans la longueur du corps, sans la caudale. Le suspensorium est peu oblique; l'opercule a une forme carrée; les rayons branchiostèges sont ornés de lignes granuleuses; il en est de même pour les os de la tête; les dents sont aiguës.

Les écailles sont grandes, plus hautes que longues dans la partie antérieure du tronc, au-dessous de la ligne latérale; elles ont une forme ovalaire au-dessus de cette ligne. A partir de la caudale, les écailles prennent une forme allongée et sont encore relativement grandes à l'origine de la nageoire et sur son lobe inférieur. Les écailles de la partie antérieure du corps sont lisses, brillantes, fortement striées au bord; à partir du niveau de l'anale, les écailles sont entières. Les écailles de la partie inférieure du tronc ne sont pas disposées en séries de petites écailles. En avant de l'anale est une écaille plus grande que les autres et de forme ovalaire. Deux longues écailles pointues se voient à l'origine du lobe supérieur de la caudale; les fulcres sont beaucoup plus petits au lobe inférieur de cette nageoire, à la base de laquelle se voient deux longues écailles lancéolées; deux écailles semblables sont à la base de la dorsale. La ligne latérale, qui s'infléchit légèrement au niveau de l'anale, se compose de 41-43 écailles; le tube est saillant et occupe la plus grande partie de la longueur de l'écaille dans la partie antérieure du tronc, tandis qu'il est plus court et dirigé en haut dans la partie postérieure. On compte 4 écailles au-dessus de la ligne latérale, 6 au-dessous.

La dorsale s'insère beaucoup plus près de la partie postérieure de la tête que de l'origine de la caudale; elle est entièrement située au-dessus de l'espace qui sépare les ventrales de l'anale, se terminant au niveau de cette dernière nageoire; plus haute que longue, la dorsale est composée de 26-27 rayons, qui sont grêles, très divisés à leur extrémité.

L'anale, très reculée, s'étendrait, si elle était étendue, presque jusqu'à l'origine de la caudale; elle a même forme et même grandeur que la dorsale; on compte 25-26 rayons. L'anale et la dorsale sont entièrement nues, non recouvertes d'écailles.

La caudale devait être robuste, si nous en jugeons par la force du pédicule; elle est insérée très obliquement; la nageoire est entièrement nue,
les écailles ne se prolongeant pas sur les rayons; nous ne voyons pas de fulcres
au lobe inférieur.

Longueur du corps, sans la caudale. . . . . 35 mill.
Longueur de la tête. 13
Hauteur maximum du tronc. 8
Hauteur au pédicule caudal. 3
Distance de l'extrémité du museau à l'origine de la dorsale. . . 21
Distance de l'origine de la dorsale à la base de la caudale. . . . 17
Longueur de la dorsale. 6
Hauteur de la dorsale. 10
Longueur de l'anale. 6
Hauteur de l'anale 9
Longueur de la base des ventrales. 5
Hauteur des ventrales. 6

Cette espèce ne peut être confondue avec le jeune âge du *P. magnus,* à
cause de la grandeur des écailles.

RHADINICHTHYS? LALLYI, Sauvg.

(Pl. II, fig. 2; pl. III, fig. 4.)

Le corps est ovalaire, un peu allongé, la hauteur faisant près du quart de
la longueur totale; la ligne du dos est à peine bombée; la hauteur au pédicule caudal est contenue deux fois et demie dans la hauteur maximum du
tronc.

Les os de la tête sont ornés de fortes stries onduleuses, irrégulièrement
disposées. Le suspensorium est peu oblique; la clavicule supérieure est ovalaire. L'opercule occupe la place et a la forme qu'il a chez les Amblypterus
proprement dits; l'interopercule est haut. Les rayons branchiostèges sont fortement striés. Quelques traces montrent que les dents sont coniques, pointues, assez fortes, recourbées.

Les écailles sont fortement dentelées au bord, au moins dans la partie antérieure du tronc. La ligne latérale se compose de 43-45 écailles; on compte
17-18 écailles dans une série transverse, prise en avant des ventrales. Les
écailles des flancs ont une forme carrée; les écailles du ventre sont beau-

coup plus petites, allongées; les écailles qui avoisinent la partie postérieure de la tête sont arrondies, ornées de stries concentriques peu nombreuses. Dans la partie antérieure du corps les séries dorso-ventrales d'écailles sont assez fortement arquées. Une grande écaille ovalaire se trouve à la base de la dorsale; en arrière de cette nageoire les écailles prennent une forme allongée. Les quatre ou cinq écailles qui sont à la base du lobe supérieur de la caudale sont étroites, allongées.

La nageoire caudale paraît avoir été moins hétérocerque que chez les autres espèces d'Autun; elle présente ce caractère particulier de n'être pas recouverte d'écailles; la bande des écailles qui garnit le lobe supérieur de la nageoire est, en effet, très étroite, de telle sorte que les rayons médians sont beaucoup plus longs que chez les autres espèces du même niveau. Les fulcres, tant au lobe supérieur qu'à l'inférieur, sont gros et en petit nombre; nous n'en comptons, en effet, qu'une vingtaine au lobe inférieur.

La dorsale s'insère au-dessus de l'anale, qu'elle déborde d'environ le tiers de sa longueur; la nageoire est un peu plus haute que longue; le premier rayon est garni de gros fulcres, au nombre d'une vingtaine; on compte 28-30 rayons.

L'anale, composée du même nombre de rayons, est un peu plus haute que longue; de même que la dorsale, cette nageoire est recouverte d'écailles.

Les rayons des pectorales, au nombre de 13-14, sont gros et ne sont pas divisés, au moins dans la plus grande partie de leur longueur. Les ventrales s'attachent, par une base peu étendue, à égale distance des pectorales et de l'anale.

Longueur totale	130 mill.
Longueur sans la caudale	105
Longueur de la tête (environ)	26
Hauteur maximum du corps	34
Hauteur au pédicule caudal	14
Longueur de la dorsale	13
Hauteur de la dorsale	16
Longueur de l'anale	13
Hauteur de l'anale	14

Cette espèce a été trouvée à Lally par M. Roche.

PYGOPTERUS BONNARDI, Ag. [1]

(Pl. IV, fig. 1.)

Sous le nom de *Pygopterus*, Agassiz a placé parmi les Ganoïdes Sauroïdes des poissons des terrains anciens caractérisés par « l'anale très allongée, la dorsale opposée à l'intervalle entre l'anale et les ventrales, la mâchoire supérieure débordant l'inférieure, de petits rayons le long des rayons externes des nageoires ».

Ce genre *Pygopterus*, étudié par Quenstedt [2], par Germar [3], par M' Coy [4] a été bien défini par Traquair [5], qui, des espèces décrites par Agassiz ne retient dans e genre que les *Pygopterus Humboldtii* et *Pygopterus mandibularis*, le *Pygopterus sculptus* devant être regardé comme synonyme de cette dernière espèce; quant au *P. Bucklandi*, il rentre dans le genre *Elonichthys*, de Giebel; le *P. Greenockii* est un *Nematoptychius*, Traquair; le *P. lucius* a été fondé pour une tête d'Archegosaure, d'après Jäger, Römer et Traquair [6].

Traquair a montré, en outre, que les Pygopterus doivent prendre place dans la famille des Palæoniscidées [7]; le genre est du Permien.

Sous le nom de *Pygopterus Bonnardi*, Agassiz indique une espèce des schistes de Muse, près d'Autun « caractérisée par ses grosses vertèbres et par son anale d'une longueur démesurée et composée de très gros rayons bifurqués et articulés, dont les articles sont très serrés ». La description donnée par Agassiz étant, on le voit, très incomplète, la place exacte de l'espèce n'a pu être nettement indiquée.

M. le professeur A. Gaudry ayant bien voulu nous communiquer le type de l'espèce étudiée par Agassiz, nous avons pu nous assurer que le *Pygopterus Bonnardi* est bien du type du *Pygopterus Humboldtii* et doit, dès lors, rentrer dans le genre *Pygopterus*, tel que Traquair le comprend.

[1] *Rech. sur les poissons fossiles*, t. II, p.78.

[2] *Hand. d. Petrefactenkunde* (1867), p. 269.

[3] *Die Versteinerungen des Mansfelder Kupferschiefers*; p. 22.

[4] *Palæozoïc Fossils.*

[5] *On the Agassizian genera Amblypterus, Palæoniscus, Gyrolepis and Pygopterus* (Q. G. G. S. 1877, p. 548).

[6] Jäger. *Ueber die Uebereinstimmung des Pygopterus lucius, Ag., mit dem Archegosaurus Dechenei, Goldf. (Abh. der K. bay. Ak. der Wiss.*, v. p. 877.)

[7] *The Ganoïd Fishes of the British Carboniferous formations. (Paleont. Soc. t. XXXI: 1877).*

4

L'exemplaire typique, très fruste, est long de 0^m,190 ; il comprend la partie postérieure du corps, à partir de l'anale ; le corps devait être allongé, peu élevé, comme chez le *P. Humboldtii*.

La colonne vertébrale, située au-dessus de l'axe médian du corps, présente un degré d'ossification plus avancé que les autres Palæoniscidées du même gisement, tels que les *Amblypterus*, les *Palæoniscus* et les genres qui leur sont apparentés.

Tandis que chez ceux-ci, de même que chez tous les autres genres qui composent la famille, on note la persistance de la notocorde dans toute la longueur de l'axe vertébral, chez les Pygopterus seulement nous voyons un commencement d'ossification du centrum ; on remarque, en effet, chez le *P. Bonnardi*, ainsi que chez le *P. Humboldtii*, mais moins développés que chez cette dernière espèce, une série de renflements nodulaires à la base des apophyses épineuses, principalement des neurépines, renflements qui sont certainement, d'après Traquair, des ossifications d'une partie du centrum. Dans le *P. Bonnardi* nous ne voyons plus ces renflements vers la terminaison de l'axe vertébral.

Les vertèbres devaient être hautes et fort peu longues, si chaque renflement nodulaire correspond à une vertèbre ; les apophyses épineuses sont d'ailleurs fort rapprochées les unes des autres et fort inclinées, diminuant peu à peu de longueur dans la partie postérieure du corps. Ces apophyses sont ossifiées.

La nageoire anale est longue et s'étend jusque près de la base de la caudale ; les rayons sont longs, bifurqués dans un peu moins de la moitié de leur longueur, composés d'articles courts et très serrés. Les premiers interépineux sont longs et tordus ; les suivants sont plus courts.

La base de la caudale est robuste ; il ne reste que quelques rayons de cette nageoire.

Les écailles, dont il ne reste que quelques traces, sont ornées de lignes concentriques.

ORDRE DES DIPNOI.

MEGAPLEURON ROCHEI, Gaudry.

(Pl. V, fig. 1.)

M. le professeur Gaudry a fait connaître sous ce nom une fort intéressante
espèce trouvée par M. Roche dans le terrain permien inférieur d'Igornay où
l'on avait déjà découvert de curieux reptiles décrits par le savant paléontologiste sous les noms d'*Euchyrosaurus* et de *Stereorachis*. Le Megapleuron a été
si complètement décrit par le professeur Gaudry, que nous ne pouvons que
transcrire ici la description qu'il en a donnée[1].

« Contrairement à ce qui a lieu dans la plupart des poissons primaires, les
écailles du fossile trouvé par M. M. Roche sont très minces; il en résulte
qu'on voit à découvert le squelette interne. En le considérant, on est frappé
par le contraste que présentent l'imperfection de la colonne vertébrale et le
grand développement des côtes. La notocorde n'a aucun rudiment de centrum
dans la région thoracique; au-dessus du vide qu'elle a laissé, des lames os-
seuses, bifurquées à la base, très étroites, longues de 0^m,030 à 0^m,040, représentent les arcs neuraux dans un état d'extrême simplicité. Au contraire, les
côtes sont très grandes; elles atteignent 0^m,100 de longueur; j'en compte
trente d'un même côté, il y en avait peut-être davantage; elles se dilatent
dans la partie qui devait s'attacher à la gaîne notocordale et immédiatement
après elles s'amincissent; l'intérieur, qui est creux, devait être rempli d'une
substance gélatineuse, fluide comme dans les os de plusieurs poissons
actuels.

« On voit en arrière de la tête de notre poisson fossile des pièces qui, je
pense, représentent les opercules; les autres pièces céphaliques sont dans un
état méconnaissable, qui, sans doute, indique un crâne dont l'ossification était
très incomplète. A la partie antérieure, il y a deux pièces, malheureusement
fort endommagées, qui rappellent les plaques dentaires des *Ceratodus;* elles
sont courbées du côté interne, anguleuses du côté externe, avec cinq denti-
cules; elles sont longues de 0^m,036; je les ai montrées au savant professeur

---

[1] *Sur un nouveau genre de poisson primaire* (C. R. Ac. Sc., 21 mars 1881).

4.

du Muséum chargé spécialement de l'étude des poissons; M. Vaillant n'a pas
hésité à admettre leur ressemblance avec les dents de *Ceratodus*. Ce qui rend
cette découverte plus curieuse, c'est que, à en juger par les nombreuses
écailles disséminées entre les pièces du squelette, le poisson d'Igornay ne
devait pas avoir des écailles cycloïdes comme les Dipnoés connus jusqu'à présent, mais des écailles en losange comme les Crossoptérygiens rhombifères;
cela confirme l'idée émise par quelques naturalistes anglais que plusieurs des
Crossoptérygiens primaires doivent peut-être grossir la liste des poissons am-
phibies dont la respiration, à la fois branchiale et pulmonaire, a fait ima-
giner le nom de *Dipnoés*; il serait intéressant d'apprendre que ces êtres mixtes
ont été nombreux dans les temps anciens.

« Le fossile trouvé par M. M. Roche doit constituer un nouveau genre,
puisque les genres qui s'en rapprochent le plus, *Phaneropleuron*, *Ceratodus*,
Ctenodus, *Dipterus*, s'en distinguent par leurs écailles cycloïdes. Je propose de
l'appeler *Megapleuron Rochei*; son nom de genre fait allusion à la grandeur
des côtes. Le morceau que nous possédons a $0^m,450$ de long; comme il y a
des côtes dans toute l'étendue du tronc, je suppose que nous n'avons rien de
la queue. Si les proportions sont les mêmes que dans les *Ceratodus* actuels,
on peut croire que la longueur totale de l'animal n'était pas loin de 1 mètre.
A en juger d'après la manière dont la tête et les côtes ont été comprimées, il
est vraisemblable qu'il était plus large que haut [1]. »

Ainsi que l'a fait remarquer M. le professeur Gaudry, le *Megapleuron* forme
un type bien distinct dans l'ordre des *Dipnoi*; les deux familles que l'on rap-
porte à cet ordre sont, en effet, caractérisées par les écailles cycloïdes [2] : les
Phaneropleuridées (*Phaneropleuron*, du Dévonien; *Uronemus*, du Carbonifère),
les Ctenodonipteridées (*Dipterus*, *Helcodus*, du Carbonifère).

---

[1] Cette espèce a été figurée par A. Gaudry : *Les enchaînements du monde animal dans les temps
géologiques fossiles primaires*, p. 239 (1883).

[2] Cf. A. Gunther : *An Introduction to the study of Fishes;* 1880.

SOUS-CLASSE DES ÉLASMOBRANCHES.

ORDRE DES ICHTHYOSTOMI.

PLEURACANTHUS FROSSARDI, Gaudry.

(Pl. IV, fig. 3.)

Pleuracanthus Frossardi, A. Gaudry, Nouv. Arch. Mus., t. III (1867) p. 39, pl. III, fig. 5.

Cette espèce a été établie pour des aiguillons recueillis dans le Permien moyen de Dracy-Saint-Loup. Ces aiguillons peuvent atteindre une longueur de $0^m,100$ et avoir une largeur de $0^m,009$ à la base ; l'épine est légèrement aplatie à sa portion basale, qui est parcourue par un sillon étroit dans sa partie médiane ; ce sillon se continue par une crête très peu élevée qui se prolonge jusqu'à l'extrémité de l'aiguillon. Le long des bords latéraux, dans la partie armée de denticulations, on voit une faible carène. Les denticulations se voient sur un peu moins de la moitié de la longueur de l'aiguillon ; elles sont assez fortes, en crochet, recourbées en bas [1].

M. Roche a recueilli cette espèce à Igornay, MM. Frossard et Chanlon à Dracy-Saint-Loup, où elle ne paraît pas être rare.

[1] Cette espèce a été figurée par A. Gaudry : *Les enchaînements du monde animal dans les temps géologiques ; fossiles primaires*, p. 222 (1883).

APPENDICE.

AMBLYPTERUS LEVYI, Sauvg.

(Pl. III, fig. 3.)

Pendant l'impression de ce mémoire nous avons eu en communication un poisson du terrain permien d'Autun, qui nous semble devoir être séparé de l'*Amblypterus angustus* par la nageoire dorsale plus grande et plus reculée.

La longueur de cet exemplaire est de 0^m,050 sans la caudale. Le corps est allongé, fusiforme; la hauteur, qui égale la longueur de la tête est comprise près de quatre fois dans la longueur, sans la caudale. La ligne du dos est presque droite, celle du ventre peu bombée.

La tête est grosse, bombée au-dessus; le museau surplombe peu la mâchoire inférieure. L'œil est grand, situé très en avant. Le suspensorium est un peu oblique, occupant une position intermédiaire entre ce que l'on voit chez les *Palæoniscus* et les *Amblypterus* proprement dits. La clavicule supérieure est de forme ovalaire, ornée de stries concentriques assez fortes; la clavicule est presque aussi haute et aussi large. Le postemporal est grand; le pariétal, de même grandeur, est relativement court, de forme carrée; le frontal a environ deux fois la longueur du pariétal; l'opercule a la forme et la position que nous voyons chez les *Amblypterus* typiques (*A. latus*); l'inter-opercule a sensiblement même grandeur; le préopercule est étroit. Les rayons branchiostèges sont forts. Le maxillaire est robuste. Tous les os de la tête sont ornés de stries concentriques, le postemporal, le pariétal, le frontal, de lignes interrompues et de vermiculations.

Les écailles sont petites, de forme rhomboïdale, disposées en séries peu obliques et diminuent peu de grandeur dans la partie postérieure du corps; les écailles de la partie inférieure du tronc, en avant des ventrales, forment 7-8 séries plus petites que les autres, les écailles ayant une forme allongée. La ligne latérale occupe, vers le milieu de la longueur du corps, sensiblement le milieu de la hauteur du tronc; nous y comptons 50 écailles; dans la partie antérieure du corps on compte 9 écailles au-dessus, 14 au-dessous, vers le niveau de l'anale, 10 en dessus, 11 en dessous.

La dorsale s'insère en grande partie au-dessus de l'anale, qu'elle ne déborde que peu en avant; la nageoire n'est pas recouverte d'écailles; elle est plus haute que longue; nous comptons 32 rayons; en avant de la nageoire est d'abord une grande écaille de forme ovalaire, ornée de fortes stries concentriques, puis une longue écaille en forme de feuille; en arrière de la nageoire, après deux écailles de même grandeur que celles des rangées situées en dessous, mais de forme ovalaire, nous voyons deux écailles plus grandes, puis une grande écaille pointue qui se trouve à la base du lobe supérieur de la caudale.

L'anale, de même forme que la dorsale, a même nombre de rayons; en avant de la nageoire est une grande écaille de forme ovalaire; au niveau de la partie antérieure de la nageoire les écailles sont plus petites que celles des rangées voisines.

Le pédicule caudal est robuste, ayant plus de la moitié de la hauteur maximum du tronc.

Les ventrales sont grandes, attachées par une base assez longue, insérées à égale distance des pectorales et de l'anale.

Les fulcres paraissent être petits à toutes les nageoires.

PLANCHE I.

PLANCHE I.

EXPLICATION DES FIGURES.

Fig. 1. — **Archeoniscus Rochei**, n. sp. — Grandeur naturelle.
    Permien, étage inférieur : Igornay (Mus. de Paris ; coll. Roche).

Fig. 2. — **Ædua Gaudryi**, n. sp. — Grandeur naturelle.
    Permien, étage inférieur : Igornay (Mus. de Paris ; Coll. Roche).

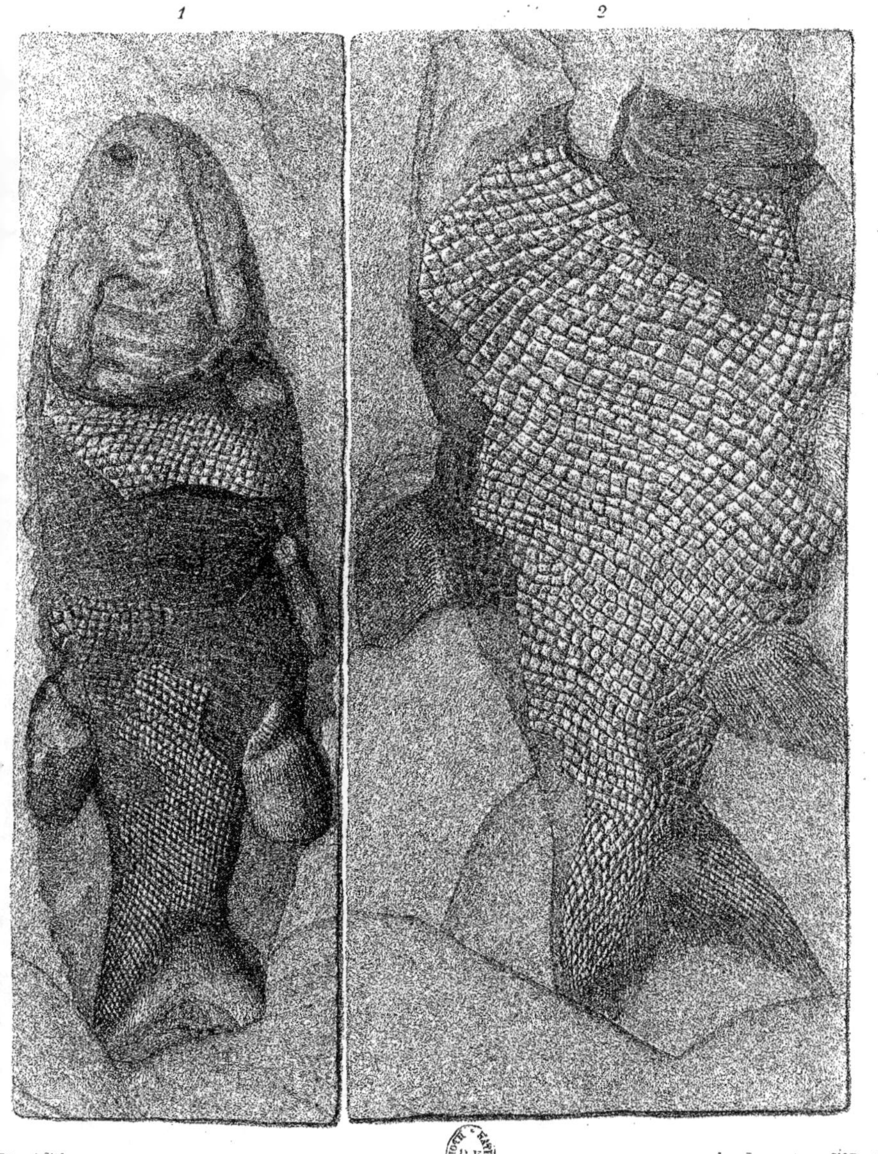

Imp. Lemercier & Cie Paris

1. Archeoniscus Rochei — 2. Ædua Gaudryi

PLANCHE II.

PLANCHE II.

EXPLICATION DES FIGURES.

FIG. 1. — **Archeoniscus Rochei**, n. sp. — Réduit à moitié de la grandeur.
Permien, étage inférieur : Igornay (Mus. de Paris ; Coll. Roche).

FIG. 2. — **Rhadinichthys? Lallyi**, n. sp. — Grandeur naturelle.
Permien : Lally (Mus. de Paris).

FIG. 3. — **Amblypterus bibractensis**, n. sp. — Grandeur naturelle.
Permien, environs d'Autun (Mus. de Paris).

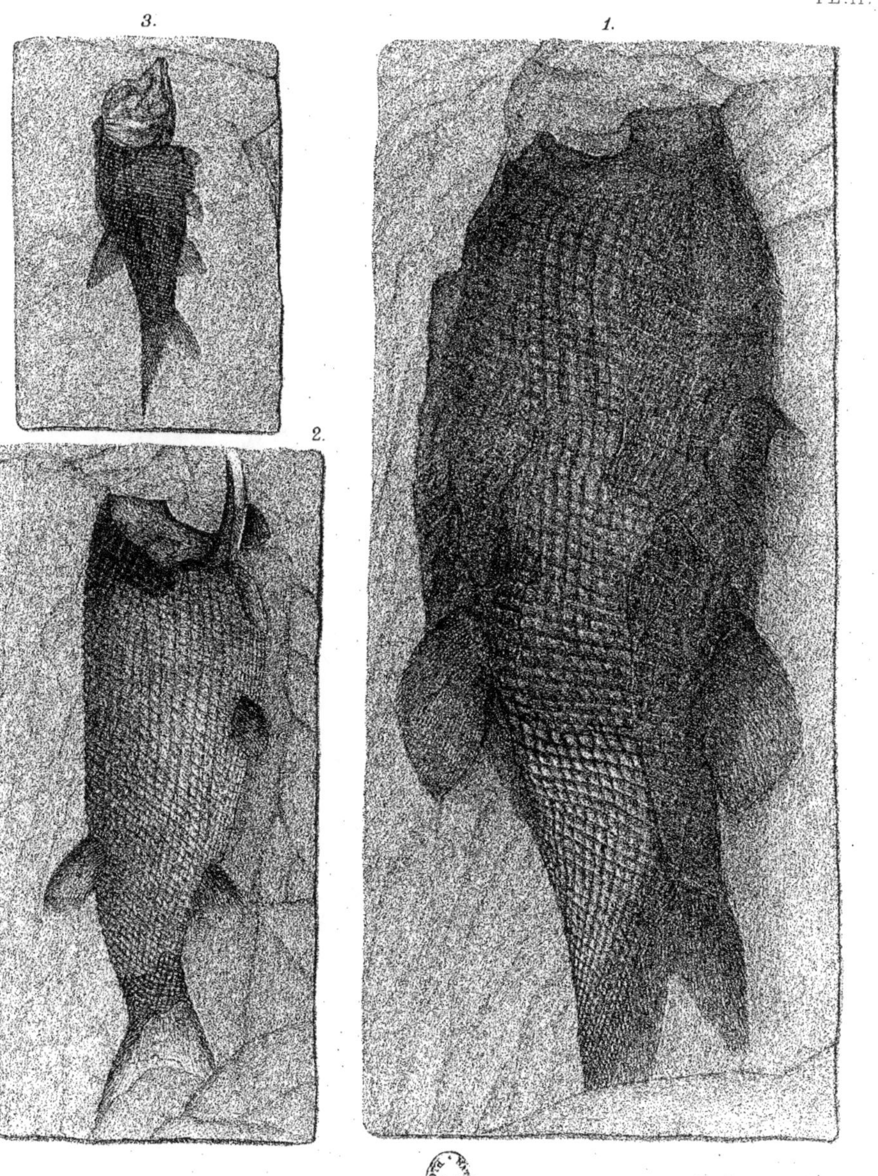

Tormant lith.   Imp. Lemercier & C.ie Paris.

I. Archeoniscus Rochei — 2. Rhadinichthys? Lallyi —
3. Amblypterus bibractensis.

PLANCHE III.

PLANCHE III.

EXPLICATION DES FIGURES.

FIG. 1. — **Ædua Gaudryi**, n. sp. — Réduit aux trois quarts de la grandeur.
Permien inférieur : environs d'Autun (Mus. de Paris).

FIG. 2. — **Amblypterus Levyi**, n. sp. — Grossi deux fois.
Permien d'Autun (Mus. de Paris).

FIG. 3. — **Palæoniscus Landrioti**, n. sp. — Grossi deux fois.
Permien, étage moyen : Muse (Mus. de Paris ; Coll. H. de Thury).

FIG. 4. — **Rhadinichthys? Lallyi**, n. sp. — Lobe supérieur de la caudale, grossi deux fois.
Permien : Lally (Mus. de Paris).

FIG. 5. — **Amblypterus angustus**, AG. sp. — Lobe supérieur de la caudale, grossi deux fois.
Permien, étage moyen : Muse (Mus. de Paris ; Coll. Bonnard ; type de l'espèce).

FIG. 6. — **Amblypterus bibractensis**, n. sp. — Lobe supérieur de la caudale, grossi deux fois.
Environs d'Autun (Mus. de Paris).

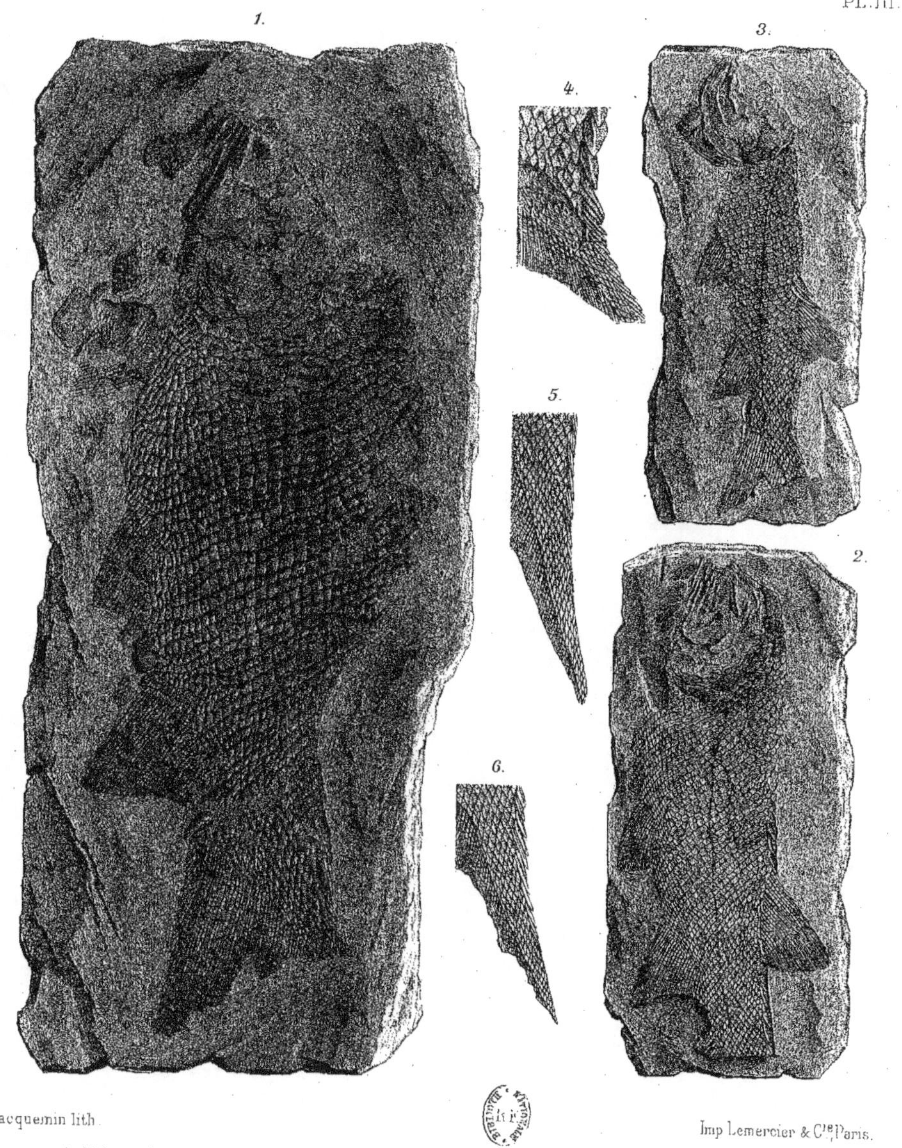

Jacquemin lith.

Imp. Lemercier & Cie Paris.

1. Ædua Gaudryi. _ 2. Amblypterus Levyi. _ 3. Palæoniscus Landrioti. _
4. Rhadinichthys ? Lallyi. _ 5. Amblypterus angustus _ 6. Amblypterus bibractensis.

PLANCHE IV.

PLANCHE IV.

EXPLICATION DES FIGURES.

Fig. 1. — **Pygopterus Bonnardi**, Ag. — Grandeur naturelle; type de l'espèce.
Permien, environs d'Autun (Mus. de Paris).

Fig. 2. — **Amblypterus angustus**, Ag. sp. — Grandeur naturelle.
Permien, étage supérieur : Millery (Mus. de Paris; Coll. Brongniard).

Fig. 3. — **Pleuracanthus Frossardi**, Gaudry. — Grandeur naturelle.
Permien, étage moyen : Dracy St Loup (Mus. de Paris; Coll. Chanloz;
cat. 25 ; 1879).

Fig. 4. — **Amblypterus inæquilobum**, Blainv., sp. — Lobe supérieur de la caudale,
grossi deux fois.
Permien, étage moyen : Muse (Mus. de Paris).

Fig. 5. — Même espèce et même exemplaire; écailles de la partie postérieure du tronc,
grossies deux fois, prises au niveau de la ligne latérale un peu en avant de
l'anale.

Fig. 6. — Même espèce et même exemplaire; écailles de la partie antérieure du tronc,
grossies deux fois, montrant la ligne latérale.

Fig. 7. — **Amblypterus Voltzii**, Ag. sp. — Partie terminale du lobe supérieur de la caudale, grossie deux fois.
Permien, étage moyen : Muse (Mus. de Paris).

1. Pygopterus Bonnardi. _ 2. Amblypterus Angustus. _ 3. Pleuracanthus Frossardi
4,5,6. Amblypterus inæquilobum. _ 7. Amblypterus Voltzii.

PLANCHE V.

PLANCHE V.

EXPLICATION DES FIGURES.

FIG. 1. — **Megapleuron Rochei**, GAUDRY. — D'après le moulage et relief du type de l'espèce; réduit à moitié de la grandeur.

Permien, étage inférieur : Igornay (Mus. de Paris, Coll. Roche).

FIG. 2. — **Ædua Gaudryi**, n. sp. — Partie antérieure du corps; grandeur naturelle.

Permien, étage inférieur : Igornay (Mus. de Paris; Coll. Roche; 1883, 28).

FIG. 3. — Même espèce et même exemplaire; écailles de la partie inférieure du tronc, grossies deux fois.

FIG. 4. — Même espèce; écailles de la partie antérieure du tronc grossies deux fois.

Permien, étage inférieur : Igornay (Mus. de Paris).

FIG. 5. — **Amblypterus Voltzii**, AG. sp. — Écailles de la partie postérieure du corps, prises au niveau de l'anale, grossies deux fois.

Permien, étage moyen : Muse (Mus. de Paris).

FIG. 6. — Même espèce et même exemplaire; écailles de la partie antérieure du corps, grossies deux fois.

FIG. 7. — Même espèce et même exemplaire; partie antérieure de la dorsale, grossie deux fois.

FIG. 8. — **Amblypterus inæquilobum**, BLAINV. sp. — Partie antérieure de la dorsale, grossie deux fois.

Permien, étage moyen : Muse (Mus. de Paris).

FIG. 9. — **Palæoniscus Landrioti**, n. sp. — Écailles de la partie inférieure du corps prises un peu en avant des ventrales.

Permien, étage moyen : Muse (Mus. de Paris; Coll. H. de Thury).

Jacquemin lith.

Imp. Lemercier & Cⁱᵉ, Paris.

1. Megaplouron Rochei.— 2.3,4. Ædua Gaudryi.— 5,6,7. Amblypterus Voltzii.—
8. Amblypterus inæquilobum.— 9. Palæoniscus Landrioti

www.ingramcontent.com/pod-product-compliance
Lightning Source LLC
Chambersburg PA
CBHW051136050726
47594CB00003B/1118